Der elektrische Landwirt

Ein Merkbüchlein in Frage
und Antwort

von

Dipl.-Ing. **A. Vietze**, Generaldirektor
Geschäftsführer der Landelektrizität G.m.b.H. zu Halle a. S.

41.—60. Tausend

Springer-Verlag Berlin Heidelberg GmbH
1922

ISBN 978-3-662-27680-8 ISBN 978-3-662-29170-2 (eBook)
DOI 10.1007/978-3-662-29170-2

Inhaltsverzeichnis.

Frage

Einleitung.
- A. Wichtige Fragen der heutigen Zeit . . 1— 10
- B. Die Beschaffung der Elektrizität auf dem platten Lande . . . . 11— 27
- C. Die Eigenschaften des Elektromotors . 28— 41
- D. Die Eigenschaften des elektrischen Lichts 42— 52
- E. Die Installationskosten elektrischer Licht- und Kraftanlagen . . . . 53— 63
- F. Die Messung und Berechnung der Elektrizität . . . . 64— 85
- G. Die Betriebskosten von elektrischen Lampen und Motoren . . . . 86— 93
- H. Winke für die Vergebung von elektrischen Licht- und Kraftinstallationen 94—101
- J. Ratschläge für die Einrichtung von elektrischen Licht- und Kraftinstallationen 102—118
- K. Behandlung und Wartung elektrischer Licht- und Kraftinstallationen . . . . 119—145
- L. Vorsichtsmaßregeln und Verhalten gegenüber elektrischen Leitungen. . . . . . 146—153

Einleitung.

Was steht in diesem Büchlein?

In diesem Büchlein werden Fragen über Elektrizität und ihre Anwendung behandelt, welche bei der Einführung von Elektrizität auf dem Lande von den Interessenten auf dem Lande, insbesondere von den Landwirten erfahrungsgemäß gestellt werden und deren Beantwortung im Interesse einer gedeihlichen Weiterentwicklung der Elektrizitätsbewegung liegt.

Durch schlichte Form und Ausdrucksweise soll das Büchlein für weiteste Kreise bestimmt sein und jedem Landwirt als Fingerzeig in Elektrizitätsfragen dienen.

A. Wichtige Fragen der heutigen Zeit.

1. Ist die Verwendung der Elektrizität auf dem Lande unter den heutigen wirtschaftlichen Verhältnissen noch zweckmäßig?

Ja! Die elektrische Betriebskraft ist und bleibt die wirtschaftlichste und beste für den Landwirt.

2. Was ist für die Beurteilung dieser Frage ausschlaggebend?

Die Landwirtschaft braucht eine Betriebskraft, die sich nicht nur für Dreschzwecke, sondern ebenso einfach und wirtschaftlich zum Futterschneiden, Häckseln, Schröten, Sägen, Pumpen usw. eignet; das ist nur beim Elektromotor der Fall!

3. Wie kann das bewiesen werden?

Den sichersten Beweis erhält jeder Landwirt, wenn er sich eine elektrisch betriebene Wirtschaft ansieht und seine mit Elektrizität versorgten Berufsgenossen hierüber befragt.

4. Wo bestehen elektrische Betriebe in der Landwirtschaft mit langjähriger Erfahrung?

In jedem Staat und in jeder Provinz; ganz besonders zahlreich in Preußen: in der Provinz Westfalen, Sachsen und Pommern; außerdem in Bayern, Sachsen, Württemberg und Baden.

5. Um wieviel sind die Preise für elektrischen Strom seit der Vorkriegszeit gestiegen?

Um etwa das 5—10fache! Demgegenüber haben sich verteuert die Kohle um das 25fache,
        die Löhne um das 15fache,
   die wichtigsten Lebensmittel um das 16fache.

6. Was versteht man unter „Übertcuerungszuschüssen"?

Übertcuerungszuschüsse sind Beiträge, welche die Elektrizitätswerke von den Konsumenten bei Neuanschlüssen einmal beanspruchen, um die heutige Übertcuerung der elektrischen Anlagen über ihren gemeinen Wert abzuschreiben.

7. Ist die Erhebung von „Übertcuerungszuschüssen" berechtigt?

Ja! Sie ist sogar zur künftigen Erhaltung der Wirtschaftlichkeit der Anlage notwendig; Voraussetzung ist, daß die Übertcuerungszuschüsse ausschließlich für Abschreibungen Verwendung finden.

8. Was versteht man unter „Installationsabgaben"?

Installationsabgaben sind Aufschläge auf die Kosten der Hausinstallationen, welche von den Installationsfirmen bei Ausführung der Hausanlagen auf Grund bestehender Bedingungen von den Anschlußnehmern erhoben und an die Elektrizitätswerke abgeführt werden.

9. Sind die Installationsabgaben an Elektrizitätswerke berechtigt?

Bei vorsichtiger Wirtschaft machen sich die Installationsabgaben für Elektrizitätswerke erforderlich, um einerseits Ausfälle an Stromeinnahmen zu decken, andererseits die Überteuerung von Anlagen abzuschreiben, die man nicht anders abstoßen kann.

10. Wer kontrolliert die Zulässigkeit von Überteuerungszuschüssen und Installationsabgaben an Elektrizitätswerke?

In Preußen wird die Elektrizitätswirtschaft auf dem Lande seit der Kriegszeit fast überall von den Provinzialverbänden, in anderen Staaten von den zuständigen Regierungsstellen überwacht.

B. Die Beschaffung der Elektrizität auf dem platten Lande.

11. Wozu braucht der Landwirt Elektrizität?

Als Kraft zum Antrieb seiner Maschinen und als Licht zur Beleuchtung seiner Wohn- und Wirtschaftsräume.

12. Welches Interesse hat der Landwirt an der Einführung von Kraft und Licht?

Die Kraft kann teure Menschenhände und Zugtiere ersetzen; das Licht verlängert den Arbeitstag und gewährt eine bessere Ausnutzung der Arbeitszeit. Die Einführung von Kraft und Licht erhöht daher die Wirtschaftlichkeit der landwirtschaftlichen Betriebe.

13. Weshalb bevorzugt der Landwirt die Elektrizität vor Dampf-, Gas- und anderen Kraftarten?

Weil die elektrischen Kraftmaschinen (Elektromotoren) dem Landwirt viele betriebswirtschaftliche Vorteile, die später noch behandelt werden, bieten, welche bei Anwendung von Dampf-, Gas- und anderen Motoren nicht zu erreichen sind, und weil die Elektrizität außer für Kraftzwecke auch gleichzeitig für die Beleuchtung benutzt werden kann.

14. Auf welche Weise kann der Landwirt sich Elektrizität verschaffen?

Entweder durch Bau einer eigenen kleinen elektrischen Kraftstation,
oder durch Strombezug
    von einer elektrisch eingerichteten Fabrik,
    von einer Ortszentrale, oder
    von einer Überlandzentrale.

15. Woraus besteht eine eigene kleine elektrische Kraftstation?

Zunächst aus einer Kraftmaschine; das kann sein eine Dampfmaschine, meist Lokomobile, oder ein Gas- bzw. Benzinmotor, oder ein Wasserrad bzw. eine Wasserturbine, oder ein Windmotor;
ferner aus einer Dynamomaschine, welche den elektrischen Strom erzeugt,
sodann in der Regel aus einer Akkumulatorenbatterie, in welcher der elektrische Strom für kurze Zeit aufgespeichert werden kann.

und schließlich aus einer Schalttafel, welche die zur Messung und Verteilung der Elektrizität erforderlichen Apparate und Meßinstrumente enthält.

16. Was versteht man unter einer Ortszentrale?

Eine Ortszentrale ist ein Elektrizitätswerk, welches sich in der Stromabgabe auf eine einzelne Gemeinde beschränkt. Eine Ortszentrale wird meist in Anlehnung an ein bestehendes industrielles Werk des betreffenden Ortes, wie z. B. Getreidemühle, Zuckerfabrik, Molkerei, Sägewerk oder dergleichen betrieben.

17. Was ist eine Überlandzentrale?

Eine Überlandzentrale ist ein Elektrizitätswerk, welches viele Ortschaften eines Bezirks von einer größeren Zentrale aus mit Strom versorgt. In Überlandzentralen kommt für die Fernleitung der Elektrizität fast ausschließlich hochgespannter Drehstrom in Anwendung. Jede Ortschaft, welche angeschlossen wird, erhält eine Transformatorenstation, aus welcher die im Ort benötigte Elektrizität in Form von niedrig gespanntem Drehstrom entnommen wird.

18. Welche von den unter Frage 14 genannten Arten der Strombeschaffung verdient den Vorzug?

Wenn die Möglichkeit besteht, den Strom von einer leistungsfähigen Überlandzentrale zu beziehen, so ist dem Landwirt der Anschluß an eine solche im allgemeinen in erster Linie zu empfehlen, weil Überlandzentralen wegen ihrer großen Ausdehnung und rationellen Stromerzeugung die Elektrizität in der Regel preiswert abgeben und den Strombedürfnissen der Konsumenten in weitgehendster Weise Rechnung tragen können.

19. Warum sind eigene kleine elektrische Kraftstationen und Ortszentralen im allgemeinen nicht zu empfehlen?

Eigene kleine elektrische Kraftstationen können in der Landwirtschaft, abgesehen von der lästigen Wartung und Unterhaltung der Maschinen, nur wirtschaftlich arbeiten, wenn sie mit einem industriellen Betrieb — etwa einer Brennerei, Ziegelei, Molkerei usw. — in Verbindung gebracht werden.

Ortszentralen bleiben nach den vorliegenden Erfahrungen meistens den Konsumanforderungen gegenüber auf die Dauer nicht leistungsfähig und können in der Regel nur bei verhältnismäßig hohen Strompreisen bestehen.

Außerdem ist bei eigenen kleinen elektrischen Kraftstationen und bei Ortszentralen der elektrische Dreschbetrieb auf dem Felde in den wenigsten Fällen möglich.

20. Wie steht es mit der Rentabilität von Überlandzentralen?

Richtig angelegte und sachverständig betriebene Überlandzentralen sind wirtschaftlich.

21. Kann dem Landwirt die finanzielle Beteiligung an Überlandzentralen - Unternehmungen empfohlen werden?

Ja; insbesondere wenn es sich um gemeinnützige Unternehmungen handelt und wenn die Behörden mitwirken.

22. Worin liegt für die Landwirte die Bedeutung einer finanziellen Beteiligung an Überlandzentralen?

Die Landwirte können sich durch finanzielle Beteiligung an Überlandzentralen einen Einfluß auf die

Gestaltung der Unternehmen und der Strompreise sichern.

23. Warum bezeichnet man den Landwirt als „ungünstigen Konsumenten" von Elektrizitätswerken?

Weil die wichtigsten landwirtschaftlichen Kraftbetriebe im Gegensatz zu industriellen Betrieben nur wenige Monate im Jahr, d. h. in der Dreschkampagne arbeiten und deshalb die Maschinen der Zentrale nicht rationell ausnutzen; der Landwirt ist also gewissermaßen nur ein Saisonabnehmer für elektrischen Strom.

24. Welche Gesellschaftsform eignet sich für Überlandzentralen am besten: die Aktiengesellschaft, die Gesellschaft mit beschränkter Haftung oder die Genossenschaft mit beschränkter Haftpflicht?

Es kommt für die Wirtschaftlichkeit von Überlandzentralen nicht auf die Form der Gesellschaft an; man wähle diejenige, welche in der betreffenden Gegend am meisten eingeführt und daher am bekanntesten ist.

25. Was versteht man unter einer Leitungsgesellschaft?

Eine Leitungsgesellschaft erzeugt die Elektrizität nicht selbst, sondern bezieht dieselbe von einem städtischen oder industriellen Elektrizitätswerk und leitet sie übers Land weiter; die Leitungsgesellschaft besitzt daher keine eigene Kraftstation, sondern nur Fernleitungen, Ortsleitungsnetze und Transformatorenstationen.

26. Welche Grundsätze lassen sich für die Wirtschaftlichkeit von Überlandzentralen aufstellen?

Eine Überlandzentrale kann rentabel werden:

a) wenn ein größerer Landbezirk durch feste Konzessionsverträge mit den Gemeinden für den Stromabsatz gesichert ist;

b) wenn in dem Versorgungsgebiet ein ungeteiltes allgemeines Interesse an der Einführung von Elektrizität vorhanden ist;
c) wenn die in Frage kommenden Gemeinden, Städte und Kreise sich selbst am Unternehmen beteiligen;
d) wenn eine billige eigene Kraftquelle (Kohlengrube, Wasserkraft) vorhanden ist oder der Strom unter günstigen Bedingungen von einem städtischen oder industriellen Elektrizitätswerk bezogen werden kann;
e) wenn das Unternehmen von vornherein gesund finanziert wird;
f) wenn sparsam und billig gebaut wird;
g) wenn der Stromtarif den Verhältnissen des Landes angepaßt wird.

27. An wen kann sich der Landwirt um Rat und Unterstützung in Fragen der Elektrizitätsbewegung wenden?

An seine kommunalen und landwirtschaftlichen Behörden, vor allem an den Landrat, Kreishauptmann, Amtmann bzw. Kreisdirektor seines Kreises bzw. Bezirks.

C. Die Eigenschaften des Elektromotors.

28. Wie soll eine Kraftmaschine für landwirtschaftliche Betriebe beschaffen sein?

Sie soll einfach, feuersicher und billig sein.

29. Entspricht der Elektromotor diesen Anforderungen?

Ja, in vollstem Maße.

Eigenschaften des Elektromotors.

30. Wie ist der Elektromotor konstruiert?

Der Elektromotor besteht eigentlich nur aus zwei Teilen, einem feststehenden und einem drehbaren Eisenkörper. Beide Eisenkörper sind mit Kupferdrähten bewickelt, der drehbare trägt an einem Ende der Welle die Riemenscheibe.

31. Eignet sich der Gleichstrommotor oder der Drehstrommotor besser für landwirtschaftliche Betriebe?

Der Drehstrommotor, weil er noch einfacher ist als der Gleichstrommotor.

32. Worin besteht die Bedienung eines Elektromotors?

Er wird durch eine einfache Kurbeldrehung in Betrieb gesetzt und ebenso wieder ausgeschaltet. Während der Arbeit bleibt er sich völlig selbstüberlassen.

33. Kann der Elektromotor jederzeit in Arbeit genommen werden?

Ja, er ist stets sofort betriebsbereit.

34. Welche Teile eines Elektromotors können sich abnutzen?

Beim Gleichstrommotor nur der sogenannte Kollektor; der Drehstrommotor dagegen besitzt sozusagen gar keine Teile, welche sich abnutzen können.

35. Läßt sich der Elektromotor gut transportieren?

1 bis 3 pferdige Motoren können bequem von zwei Leuten getragen werden, Motoren über 3 PS lassen sich auf Schlitten oder Wagen leicht transportieren.

Eigenschaften des Elektromotors.

36. Kann ein Elektromotor an beliebiger Stelle benutzt werden?

Ja; wenn ein Motor in verschiedenen Räumen Verwendung finden soll, so werden in den betreffenden Räumen Wandanschlüsse vorgesehen, durch welche der Motor mittels eines Stöpsels an die Stromleitung angeschlossen werden kann; außerdem kann dem Motor ein langes, biegsames Kabel beigegeben werden, um ihn ohne Umschaltung auf etwa 10 bis 50 Meter verstellen zu können; auch auf dem Felde lassen sich für den Betrieb von Elektromotoren an beliebiger Stelle sogenannte Dreschanschlüsse vorsehen.

37. In welchen Größen ist der Elektromotor zu haben?

Von der kleinsten Leistung an in jeder beliebigen Größe. Die große Auswahl an Motoren ermöglicht dem Landwirt, alle Maschinen, auch die kleinsten (Zentrifuge, Butterfaß, Jauchepumpe), elektrisch anzutreiben, ohne daß Transmissionen nötig werden.

38. Muß die Aufstellung eines Elektromotors polizeilich genehmigt werden?

Nein; ein Elektromotor ist völlig feuersicher und kann ohne polizeiliche Genehmigung in jedem Raum Aufstellung finden.

39. Braucht der Elektromotor ein Fundament?

Nein; er wird auf dem Fußboden aufgeschraubt; er kann aber auch bei Platzmangel ebensogut an der Decke oder auf einem Konsol an der Wand angebracht werden.

40. Wie verhält sich die Tourenzahl der Elektromotoren?

Die Tourenzahl eines Elektromotors bleibt auch bei Veränderung der Belastung so gleichmäßig, daß insbesondere der elektrische Drusch als der vollkommenste bezeichnet werden kann.

41. Wonach richtet sich bei einem Elektromotor der Stromverbrauch?

Der Stromverbrauch eines Elektromotors richtet sich genau nach der tatsächlichen Arbeitsleistung; der Elektromotor arbeitet also sehr ökonomisch. Wenn ein großer Elektromotor zum Antrieb einer kleinen Arbeitsmaschine — z. B. ein 10 pferdiger Motor zum Antrieb einer kleinen Schrotmaschine — benutzt wird, so verbraucht der 10 pferdige Motor praktisch nicht mehr Strom, als wenn man einen kleineren Motor — etwa einen 3 pferdigen — für dieselbe Arbeit benutzt. Es empfiehlt sich aber im Interesse der wirtschaftlichen Ausnutzung der Anlagen, die Motorengrößen den Arbeitsleistungen anzupassen.

D. Die Eigenschaften des elektrischen Lichts.

42. Wie soll das Licht in landwirtschaftlichen Betrieben beschaffen sein?

Es muß in erster Linie feuersicher sein.

43. Ist das elektrische Licht feuersicher?

Das elektrische Glühlicht ist erwiesenermaßen das feuersicherste Licht; es kann gefahrlos in Scheunen, Ställen, Böden usw. benutzt werden.

44. Welche elektrische Lampe kommt für den Landwirt ausschließlich in Frage?

Die Glühlampe. Auch für Beleuchtung von Höfen und großen Räumen sind die modernen hochkerzigen Glühlampen den Bogenlampen vorzuziehen.

45. Woraus besteht eine elektrische Glühlampe?

Aus einer völlig geschlossenen Glasbirne, in welcher sich entweder ein dünner Kohlenfaden oder Metallfaden befindet. Durch den elektrischen Strom wird der Faden in der Lampe zum Glühen gebracht und leuchtet; damit der Faden nicht verbrennen kann, ist die Glasbirne luftleer gemacht.

46. Wie wird die elektrische Lampe an- und ausgemacht?

Die elektrische Lampe wird durch Drehung eines kleinen Schalterknopfes von beliebiger Stelle aus ein- und ausgeschaltet. Die Lampe selbst kann dabei in unerreichbarer Höhe oder Entfernung angebracht sein. Offene Flammen sowie Streichhölzer fallen beim elektrischen Licht fort.

47. Was versteht man unter einfacher Ausschaltung?

Wenn eine Lampe immer von einer Stelle aus ein- und ausgeschaltet wird. Die Wohnzimmerlampe erhält z. B. meist einfache Ausschaltung, indem ein Schalter an der Eingangstür zum Zimmer angebracht wird. Man kann das Zimmer beim Betreten sofort hell machen und umgekehrt beim Verlassen wieder dunkel machen.

48. Was ist Gruppenschaltung?

Wenn man an einem Beleuchtungskörper, z. B. an einer Krone im besseren Zimmer, mehrere Lampen (etwa 3 bis 5 Lampen) anbringt, so will man nicht immer alle Lampen brennen lassen; häufig genügt es, wenn nur eine Lampe oder eine Gruppe von Lampen brennt. Um dies zu erreichen, wird ein sogenannter Gruppenschalter benutzt; man kann dann durch eine Drehung des Schalterknopfes zunächst eine Lampe, dann durch eine weitere Drehung des Knopfes nach Belieben mehr oder alle Lampen ein- bzw. ausschalten.

49. Worin besteht die Wechselschaltung?

Häufig ist es erwünscht, daß eine Lampe wechselweise von zwei getrennt gelegenen Stellen ein- und ausgeschaltet wird; dies läßt sich durch Anbringung von zwei sogenannten Wechselschaltern erreichen. Die Schlafzimmerlampe kann z. B. durch Anwendung der Wechselschaltung sowohl von der Eingangstür als auch vom Bett aus geschaltet werden. Die Wechselschaltung eignet sich auch für die Hoflampe, die zweckmäßig von der Haustür und vom Schlafzimmer oder einem anderen Zimmer, von dem aus sich der Hof übersehen läßt, schaltbar eingerichtet wird.

50. In welchen Lichtstärken ist das elektrische Licht zu haben?

In ganz beliebigen Lichtstärken.
Gebräuchlich sind Lampen
von 10 Kerzenstärken
16 ,,
25 ,,
32 ,,
50 ,,
100 ,,

Ein besonderer Vorzug des elektrischen Lichtes besteht darin, daß sich die Lampen leicht auswechseln lassen; man kann ohne weiteres an ein- und demselben Beleuchtungskörper eine hellere gegen eine weniger helle Lampe austauschen und umgekehrt.

51. Worin besteht die Bedienung des elektrischen Lichts?

Die elektrischen Glühlampen brauchen gar nicht bedient zu werden, sondern sind immer betriebsfertig.

52. Wodurch zeichnet sich die elektrische Glühlampe noch außer den genannten Vorzügen aus?

Die Glühlampe raucht nicht und rußt nicht;
- sie ist reinlich und hygienisch;
- sie ist leicht beweglich;
- sie ist nicht an eine bestimmte Lage gebunden, sondern kann beliebig gedreht und gewendet werden;
- sie ist unempfindlich gegen Feuchtigkeit, sie kann sogar unter Wasser brennen;
- sie verlöscht nicht durch Luftzug.

E. Die Installationskosten elektrischer Licht- und Kraftanlagen.

53. Woraus setzen sich die Installationskosten elektrischer Anlagen zusammen?

Aus den Kosten für Lieferung und Montage von Motoren, Lampen, Beleuchtungskörpern, Schaltern, Sicherungen und Leitungsmaterial.

54. Wonach richtet sich die Höhe der Installationskosten?

Nach Zahl und Größe der benötigten Motoren und Brennstellen, sowie nach Länge und Art der erforderlichen Leitungen.

55. Wie kann man ungefähr die Installationskosten schätzen?

Auf Grund der Preise, welche erfahrungsgemäß in normalen Anlagen pro Motor und pro Brennstelle durchschnittlich bezahlt sind.

Installationskosten.

56. Was versteht man unter einer Brennstelle?

Eine Brennstelle ist eine Anschlußstelle der elektrischen Leitung, an welcher ein Beleuchtungskörper mit einer oder mehreren Lampen angeschlossen werden kann.

57. Welchen Einfluß hat die Beschaffenheit der Räume auf die Installationskosten?

In feuchten Räumen (Waschküche, Ställe, Keller, Hof usw.) ist die Installation meist teurer als in trocknen Räumen (Wohn-, Schlafzimmer, Kammer usw.).

58. Welchen Einfluß hat die Verlegungsart der Leitungen auf die Installationskosten?

Es gibt für trockne und feuchte Räume verschiedene Verlegungsarten. In trockenen Räumen kann man die Drähte in Isolierrohren mit Metallüberzug verlegen oder Rohrdraht verwenden, in feuchten Räumen dagegen müssen die Leitungen auf Isolatoren oder in Stahlpanzerrohren verlegt werden.

59. Was enthalten die in nachstehenden Fragen 60 bis 63 behandelten Kosten?

Die Kosten enthalten außer der fertigen Installation der betreffenden Anlage noch die Hausanschlußsicherung, die Zählertafel mit Zählerleitung, die Verteilungssicherung sowie die übliche Installationsabgabe (vgl. Frage 8 und 9).

60. Wieviel kostet heute durchschnittlich die fertige Installation einer Brennstelle ohne Beleuchtungskörper?

In trockenen Räumen kann man unter Annahme normaler Verhältnisse bei der meist üblichen Verlegung der Leitungen in Isolierrohr mit Metallüberzug rechnen:

Installationskosten.

für 1 Brennstelle mit einfacher Ausschaltung M. 175.—
,, 1 ,, ,, Gruppenschaltung ... ,, 200.—
,, 1 ,, ,, Wechselschaltung .... ,, 230.—

Anlagen mit Rohrdraht sind durchschnittlich 25 % teurer.

In feuchten Räumen kann man bei der meist üblichen Verlegung der Leitungen auf Isolatoren oder in Stahlpanzerrohr rechnen:

für 1 Brennstelle mit einfacher Ausschaltung M. 300.—
,, 1 ,, ,, Gruppenschaltung ... ,, 400.—
,, 1 ,, ,, Wechselschaltung .... ,, 480.—

61. Wieviel kosten die Beleuchtungskörper?

Es gibt einfache und billige sowie teure Beleuchtungskörper. Besonders für bessere Wohnräume sind die Beleuchtungskörper in allen Preislagen zu haben; man sucht sich die besseren Beleuchtungskörper am besten im Laden aus.

Die Preise einfacher Beleuchtungskörper stellen sich heute etwa:

für 1 Deckenbeleuchtung ...... auf M. 20.—
,, 1 Eisenpendel .... ,, ,, 25.—
,, 1 Wandarm............... ,, ,, 30.—
,, 1 Zuglampe (Wohnzimmer) ,, ,, 140.—
,, 1 3flammigen Kronleuchter ,, ,, 140.—
,, 1 transportable Tischlampe ,, ,, 80.—
,, 1 armierte Lampe in feuch-
    ten Räumen .... ,, ,, 35.—

62. Wie stellen sich die Durchschnittspreise für elektrische Kraftanlagen einschließlich Motoren?

Für die Lieferung und betriebsfertige Installation von Drehstrommotoren mit Leitungen und allem Zubehör kann man unter Annahme normaler Verhältnisse rechnen:

Installationskosten.

für 1 Motor von 1 PS .... M. 2500.—
„ 1   „   „ 2 „   .... „ 3500.—
„ 1   „   „ 3 „   .... „ 5000.—
„ 1   „   „ 6 „   .... „ 8000.—
„ 1   „   „ 10 „   .... „ 11000.—
„ 1   „   „ 20 „   .... „ 15000.—
„ 1   „   „ 30 „   .... „ 26000.—

Die Preise von einfachen, soliden Motorwagen ohne elektrische Einrichtung betragen durchschnittlich:

für Motore bis zu 10 PS .... M. 2700.—
„   „   „   „ 30 „ .... „ 4600.—

63. Wie hoch belaufen sich etwa die Installationskosten elektrischer Licht- und Kraftanlagen pro Morgen Wirtschaftsfläche?

Für Installationskosten von kompletten Lichtanlagen einschließlich normaler Beleuchtungskörper kann man heute durchschnittlich rechnen

in Wirtschaften   bis   20 Morgen M. 100.—⎫
„   „   von 20 „ 35 „   „   80.—⎪
„   „   „   35 „ 60 „   „   60.—⎪
„   „   „   60 „ 100 „   „   42.—⎬ pro Morgen
„   „   „ 100 „ 150 „   „   30.—⎪
„   „   „ 150 „ 500 „   „   25.—⎪
„   „   „ 500 „ 1000 „   „   22.—⎪
„   „   „ 1000 „ 1500 „   „   20.—⎭

Für Installationskosten von kompletten Kraftanlagen (ohne Elektropflug) einschließlich Motoren kann man heute durchschnittlich rechnen

in Wirtschaften   bis   20 Morgen M. 280.—⎫
„   „   von 20 „ 35 „   „ 250.—⎪
„   „   „   35 „ 60 „   „ 180.—⎪
„   „   „   60 „ 100 „   „ 100.—⎬ pro Morgen
„   „   „ 100 „ 300 „   „   70.—⎪
„   „   „ 300 „ 1000 „   „   65.—⎪
„   „   „ 1000 „ 1500 „   „   60.—⎭

(4 preußische Morgen = 1 Hektar.)

F. Die Messung und Berechnung der Elektrizität.

64. Womit wird die Elektrizität gemessen?

Mit Elektrizitätszählern; die Elektrizitätszähler sind Apparate wie Gas- und Wassermesser, sie werden in die Leitung der Stromkonsumenten eingebaut und zeigen auf einem Zifferblatt an, wieviel Elektrizität hindurchgegangen, also verbraucht ist.

65. Wie wird die Elektrizität gemessen?

Nach Kilowattstunden.

66. Wieviel Elektrizität bedeutet eine Kilowattstunde?

Eine Kilowattstunde bedeutet so viel Elektrizität, als ungefähr nötig ist, wenn eine elektrische Wohnzimmerlampe (25 Kerzenstärken) 35 Stunden lang brennt

oder

wenn 35 solcher Lampen 1 Stunde lang brennen,

oder

wenn ein 1 pferdiger Elektromotor 1 Stunde lang vollbelastet läuft.

67. Was bedeutet ein Kilowatt?

Ein Kilowatt bezeichnet die elektrische Leistung, ebenso wie eine Pferdekraft die mechanische Leistung darstellt. Eine Pferdekraft kann man ungefähr gleich 0,9 Kilowatt setzen.

68. Welche Beziehung besteht zwischen Kilowatt und Kilowattstunde?

Eine Kilowattstunde entsteht, wenn 1 Kilowatt 1 Stunde lang geleistet wird.

Messung der Elektrizität.

69. Was versteht man unter einer Wattstunde?

Eine Wattstunde ist der 1000. Teil einer Kilowattstunde, ebenso wie ein Gramm der 1000. Teil eines Kilogramms ist.

70. Wieviel Wattstunden verbraucht eine Kohlenfadenglühlampe?

Eine Kohlenfadenglühlampe verbraucht etwa 3,5 Wattstunden pro Kerzenstärke stündlich.

Eine 25kerzige Kohlenfadenglühlampe verbraucht also $25 \times 3,5 = 87,5$ Wattstunden pro Stunde.

71. Wieviel Wattstunden verbraucht eine Metallfadenglühlampe?

Eine Metallfadenglühlampe verbraucht ca. 1,1 Wattstunden pro Kerzenstärke stündlich.

Eine 25kerzige Metallfadenlampe verbraucht also $25 \times 1,1 = 27,5$ Wattstunden pro Stunde.

Die Metallfadenlampen heißen wegen ihres geringen Stromverbrauchs „Sparlampen".

72. Was sind Halbwattlampen?

Halbwattlampen sind Glühlampen, die mit einem gewissen Gas gefüllt sind und nur etwa 0,5 Watt pro Kerzenstärke benötigen.

Halbwattlampen können aber bisher nur in Größen von 25 Watt und darüber bei 110 Volt Spannung und 60 Watt und darüber bei 220 Volt Spannung geliefert werden.

73. Was versteht man unter elektrischer Spannung?

Die Spannung ist der Druck, unter welchem die Elektrizität steht; die Spannung bedeutet in elektrischen Leitungen dasselbe wie der Druck in Wasserleitungen. Sie wird gemessen in Volt-Einheiten.

74. Welche Spannung verwendet man in der Regel für elektrisches Licht und elektrische Kraft?

Für Licht ca. 220 Volt.
Für Kraft ca. 380 Volt.

75. Was versteht man unter Stromstärke?

Stromstärke ist die Elektrizitätsmenge, welche in jedem Augenblick durch die Leitung fließt. Die Stromstärke in elektrischen Leitungen bedeutet dasselbe wie die Wassermenge in Wasserleitungen.

Die Stromstärke wird in „Ampère"-Einheiten gemessen (sprich: Ampär).

76. Wie wird die verbrauchte Elektrizität dem Konsumenten berechnet?

Entweder nach einem Zählertarif,
    oder
nach einem Pauschaltarif,
    oder
nach Zähler- und Pauschaltarif.

77. Was versteht man unter einem Zählertarif?

Ein Zählertarif gibt die Grundpreise an, welche für jede am Elektrizitätszähler abgelesene Kilowattstunde zu bezahlen sind.

Es gibt verschiedene Zählertarife:

  entweder wird Kraft und Licht getrennt und für den Kraftstrom ungefähr die Hälfte berechnet wie für Lichtstrom — in diesem Falle ist für Kraft und Licht je ein Zähler nötig;

oder es wird Tag und Nacht getrennt, und es kostet der Strom, welcher am Tage abgenommen wird, ungefähr die Hälfte von dem Strom, welcher abends und nachts abgenommen wird — in diesem Falle genügt für Licht und Kraft zusammen ein Zähler mit Sperrzeitschaltung.

Messung der Elektrizität.

78. Welche Rabatte sind bei Zählertarifen üblich?

Entweder werden Rabatte auf die Höhe des Jahreskonsums bzw. der Jahresrechnung gegeben (Konsumrabatt)

oder Rabatte auf die Zahl der Zeitstunden, innerhalb welcher die Lampen und Motoren durchschnittlich voll benutzt werden (Benutzungsdauerrabatt)

oder, in Genossenschaften, Rabatte auf die Zahl der übernommenen Anteile (Anteilrabatt).

79. Welche Rabatte kommen für den Landwirt hauptsächlich in Frage?

Der Konsumrabatt und der Anteilrabatt.

Der Benutzungsdauerrabatt, welcher in der Regel erst von 800 bis 1000 Stunden an beginnt, wird von Landwirten wegen der geringen Benutzungsdauer landwirtschaftlicher Maschinen (im Höchstfalle etwa 600 Stunden) selten erreicht.

80. Was versteht man unter Pauschaltarif?

Bei einem Pauschaltarif wird ohne Rücksicht auf den tatsächlichen Stromverbrauch für jede installierte Lampe und jeden Motor je nach Größe oder Leistung oder pro Morgen bewirtschaftete Ackerfläche eine feste Jahresgebühr erhoben. Bei Pauschaltarifen fallen die Elektrizitätszähler fort.

81. Wie gestaltet sich die Stromverrechnung nach Zähler- und Pauschaltarif?

In einigen Überlandzentralen sind Zähler- und Pauschaltarife kombiniert eingeführt.

Die Landwirte bezahlen hiernach eine feste Jahresgebühr pro Motor, Lampe oder pro Morgen bebautes Land und außerdem noch eine Arbeitsgebühr pro verbrauchte Kilowattstunde.

82. Welchen Nachteil hat der Pauschaltarif?

Derselbe führt leicht zu unnützer Vergeudung von Elektrizität und ermöglicht nicht, durch Einschränkung des Konsums an Stromkosten zu sparen. Der Zählertarif ist deshalb viel gebräuchlicher als der Pauschaltarif.

83. Was versteht man unter Anteiltarif?

Der von dem Verfasser dieses Büchleins in genossenschaftlichen Überlandzentralen eingeführte Anteiltarif gewährt jedem Mitglied einer Elektrizitätsgenossenschaft pro übernommenen Anteil ein bestimmtes Quantum Elektrizität zu ermäßigten Preisen. Der Zweck des Anteiltarifs besteht darin, daß den Mitgliedern einer Genossenschaft bei Übernahme von mehr als 1 Anteil eine indirekte Verzinsung der Anteile durch Strompreisvergünstigungen gewährt wird, damit die Mitglieder mit mehreren Anteilen gegenüber den Mitgliedern mit nur 1 Anteil bei etwaigem Ausfall der Anteilverzinsung nicht benachteiligt sind.

84. Welche Strompreise pro Kilowattstunde sind für Landwirte im allgemeinen noch als wirtschaftlich zu bezeichnen?

Für größere Motoren, insbesondere
   für Dreschbetriebe .... 2—3 M. pro KW-Std.
für kleine Motoren, insbesondere
   zu Futterschneiden, Pumpen, Schroten usw. . 3—4 ,, ,, ,,
   für Beleuchtung .... 4—6 ,, ,, ,,

Die höheren Preise beziehen sich auf geringen Konsum, die niedrigen Preise auf hohen Konsum.

85. Was ist Zählermiete?

Die Zählermiete ist eine monatliche Gebühr, welche die Elektrizitätswerke für leihweise Überlassung der

Elektrizitätszähler von den Konsumenten erheben. Für die Zählermiete übernehmen die Elektrizitätswerke außer der Anschaffung auch die dauernde Instandhaltung und Kontrolle der Zähler.

G. Die Betriebskosten von elektrischen Lampen und Motoren.

86. Worin bestehen die Betriebskosten elektrischer Lampen und Motoren?

Da sowohl für elektrische Lampen wie für Elektromotoren keine Bedienung nötig ist, so bestehen die Betriebskosten elektrischer Anlagen fast ausschließlich in den Kosten für den verbrauchten elektrischen Strom.

87. Wie steht es mit der Verzinsung und Abschreibung elektrischer Lampen und Motoren?

Infolge der Dauerhaftigkeit elektrischer Lampen und Motoren spielen Verzinsung und Abschreibung eine geringe Rolle.

88. Wonach richten sich die Stromkosten?

Nach Zahl und Größe der Lampen und Motoren, sowie nach ihrer Benutzungsdauer.

89. Wieviel kostet der stündliche Brand einer elektrischen Glühlampe?

Man kann bei einem Licht-Strompreis von 4 M. pro KW-Std. rechnen:

für Kohlenfadenglühlampen { von 10 Kerzenstärken 15 Pf.
,, 16 ,, 25 ,, } stündlich.

für Metallfadenglühlampen { ,, 16 ,, 7 ,,
,, 25 ,, 11 ,,
,, 32 ,, 15 ,,
,, 50 ,, 22 ,, }

Betriebskosten.

90. Mit wieviel Stromkosten kann der Landwirt im Durchschnitt pro Lampe jährlich rechnen?

Wenn man alle Lampen in Wohnräumen und Wirtschaftsräumen berücksichtigt, kostet bei einem Licht-Strompreis von ca. 4 M. pro KW-Std. und bei normaler Benutzungsdauer der jährliche Strom pro Lampe durchschnittlich etwa 30 M.

91. Wie hoch stellen sich etwa die jährlichen Stromkosten für elektrisches Licht auf einen Morgen Wirtschaftsfläche bezogen?

Man kann rechnen bei einem Licht-Strompreis von ca. 4 M. pro KWStd.

in Wirtschaften		bis		35	Morgen	M.	6.50
,,	,,	von	35 ,,	60	,,	,,	6.00
,,	,,	,,	60 ,,	100	,,	,,	5.50
,,	,,	,,	100 ,,	150	,,	,,	4.00
,,	,,	,,	150 ,,	400	,,	,,	3.00
,,	,,	,,	400 ,,	1000	,,	,,	2.50
,,	,,	,,	1000 ,,	1500	,,	,,	2.30

pro Morgen

(4 preußische Morgen = 1 Hektar.)

92. Wie stellen sich die Stromkosten für elektrische Kraftbetriebe in der Landwirtschaft?

Unter Zugrundelegung eines Kraft-Strompreises von ca. 3 M. pro KW-Std. stellen sich die Stromkosten in landwirtschaftlichen Kraftbetrieben etwa wie folgt:

Dreschmaschinen mit Strohpresse.

Der elektrische Ausdrusch marktfertigen Getreides kostet

pro Zentner	Hafer und Gerste	1,20	M.
,, ,,	Roggen	1,35	,,
,, ,,	Weizen	1,45	,,
,, ,,	Rübensamen	1,30	,,

Häckselschneiden.

Stromkosten für das Schneiden eines Zentners
Häcksel .... 0,50 M.

Schrotmühlen.

Stromkosten pro Zentner Grobschrot ...... 1,40 ,,
,,   ,,   ,,   Feinschrot .... 1,60 ,,

Rübenschneider.

Stromkosten pro Zentner Rübenschnitt .... 4 Pf.

Ölkuchenbrecher.

Stromkosten pro Zentner Ölkuchen .... 9 ,,

Düngermühlen.

Stromkosten pro Zentner Dünger .... 4,5 ,,

Wasserpumpen.

Stromkosten für Förderung von 1000 Liter
Wasser auf 10 Meter Höhe .... 30 ,,

Jauchepumpen.

Stromkosten für Füllen eines Jauchefasses von
1000 bis 1500 Liter Inhalt .... 30 ,,

Milchzentrifugen.

Stromkosten pro 100 Liter Milch Zentrifugieren und Buttern .... 85 ,,

93. Wieviel Stromkosten jährlich kann der Landwirt für elektrischen Kraftbetrieb pro Morgen Wirtschaftsfläche rechnen?

Unter Zugrundelegung eines Kraft-Strompreises von ca. 3 M. pro KW-Std. kann man für landwirtschaftliche Kraftbetriebe pro Morgen Wirtschaftsfläche M. 10.— rechnen (4 preußische Morgen = 1 Hektar).

Hierbei wird vorausgesetzt, daß alle landwirtschaftlichen Maschinen (außer Pflug) elektrisch betrieben werden.

Für Dreschzwecke entfallen jährlich ungefähr 5 KW-Std., für Kleinmotore ca. 1 KW-Std. auf den Morgen kornbebautes Land.

H. Winke für die Vergebung von elektrischen Licht- und Kraftinstallationen.

94. Was gehört zu einer elektrischen Licht- und Kraftinstallation?

Die Lieferung und Montage von Motoren, Lampen nebst Zubehör mit Leitungen, Schaltern, Sicherungen usw., d. h. die betriebsfertige Einrichtung einer elektrischen Anlage.

95. Wer führt die Installationen in Überlandzentralen aus?

Entweder die Überlandzentrale selbst oder die von der Überlandzentrale zugelassenen Installateure.

Der Landwirt frage bei der Direktion der Überlandzentrale an, wer für die Ausführung seiner Anlage in Betracht kommt.

96. Was braucht der Landwirt zunächst, um sich für die Anschaffung einer elektrischen Anlage entschließen zu können?

Der Landwirt muß sich zunächst einen Kostenanschlag anfertigen lassen, damit er weiß, wieviel die Anlage kosten wird. Ein Kostenanschlag verpflichtet niemand, die Anlage zu bestellen, sondern dient nur zur Information.

97. Von wem läßt sich der Landwirt den Kostenanschlag anfertigen?

Vergebung von Installationen.

Von der Überlandzentrale oder einem zugelassenen Installateur. Wenn mehrere Installateure zugelassen sind, kann man sich auch zwei oder drei Kostenanschläge einholen.

98. Was gehört zu einem Kostenanschlag?

Eine ausführliche Kostenberechnung, aus der die Einheits- und die Gesamtpreise zu ersehen sind und eine Zeichnung, aus der die Verlegung und die Querschnitte der Leitungen sowie die Zahl und Größe der veranschlagten Lampen, Motoren, Sicherungen usw. hervorgeht.

99. Was hat der Landwirt bei der Auftragserteilung zu beachten?

Wenn die geplante elektrische Licht- und Kraftanlage genau in allen Einzelheiten festliegt, so kann man die ganze Anlage zu einem festgesetzten Gesamtpreis in Auftrag geben, der nicht überschritten werden darf.

Wenn aber, wie es meist üblich ist, die Installationsanlage voraussichtlich anders, also z. B. umfangreicher, ausgeführt werden soll, als im Projekt angenommen ist, so empfiehlt es sich, die Arbeiten nach festen Einheitspreisen pro betriebsfertige Brennstelle und pro Motor zu vergeben. (Siehe Fragen 60—62.) Nach Fertigstellung der Anlage werden dann Lampen und Motoren gezählt und die Rechnung hiernach aufgestellt. Selbstverständlich muß bei Aufstellung der Einheitspreise die Verlegungsart der Leitungen, die Wahl der Lampenschaltungen, sowie die Leistung der Motoren Berücksichtigung finden.

100. Was muß der Landwirt bei der Auftragserteilung mit dem Installateur vereinbaren?

Zunächst den Gesamtpreis oder die Einheitspreise, die verabredet sind,

ferner die Zahlungsbedingungen,

außerdem die Fertigstellungsfrist und die Garantiezeit für die Anlage,

schließlich die Beobachtung aller bestehenden Vorschriften für betriebssichere elektrische Anlagen, insbesondere die Vorschriften des Verbandes Deutscher Elektrotechniker.

101. Wie wird die endgültige Auftragserteilung vollzogen?

Am besten durch ein Auftragsschreiben an den betreffenden Installateur; der Installateur hat dann den Eingang und die Annahme des Auftrags zu bestätigen.

J. Ratschläge für die Einrichtung von elektrischen Licht- und Kraftinstallationen.

102. In welchem Umfange richtet der Landwirt zweckmäßig seine Wirtschaft elektrisch ein?

Wenn der Landwirt sich für elektrischen Betrieb entschieden hat, so tut er gut, von vornherein alles elektrisch zu betreiben. Es empfiehlt sich, sowohl alle Räume mit elektrischen Lampen zu versehen, damit man kein Feuerzeug mehr für Licht gebraucht, als auch alle landwirtschaftlichen Maschinen elektrisch anzutreiben, damit man die Elektrizität rationell ausnutzen kann und Leute spart. Außerdem lehrt die Erfahrung, daß der Landwirt doch nach und nach stets seine ganze Wirtschaft elektrisch einrichtet. Wer also an Anlagekosten sparen will, lasse die Anlage im vollen Umfange gleich auf einmal machen.

103. Wie richtet der Landwirt sein Wohnzimmer ein?

Es empfiehlt sich eine Zuglampe über dem Familientisch mit einem einfachen Ausschalter an der Tür; steht noch ein Schreibtisch im Wohnzimmer, so läßt man für diesen einen Wandanschluß mit Tischlampe anbringen.

Die Leitungen werden zweckmäßig in Isolierrohr mit Metallmantel verlegt.

104. Welche Beleuchtung empfiehlt sich in der guten Stube?

Ein 3- bis 5flammiger Kronleuchter mit Gruppenschalter an der Tür; für das Klavier ein Wandanschluß mit Klavierlampe.

Die Leitungen können in Isolierrohr mit Metallmantel oder in besonders feinen Zimmern in Rohrdraht verlegt werden.

105. Welche Beleuchtung eignet sich für das Schlafzimmer?

Eine Deckenbeleuchtung mit farbiger Glasschale, welche zweckmäßig Wechselschaltung erhält.

Die Leitungen sind in Isolierrohr mit Metallmantel zu verlegen.

106. Wie richtet man die Treppenbeleuchtung ein?

Am besten sehen Lampen in Form von Laternen aus. Meist genügen auch einfache Deckenlampen. Für die Schaltung wählt man Wechselschaltung, wenn die Lampen von jedem Stockwerk aus geschaltet werden sollen.

Die Leitungen werden in Isolierrohr mit Metallmantel verlegt.

107. Welche Beleuchtung wählt man für Küchen und Kammern?

In hohen Zimmern Pendel, in niedrigen Zimmern einfache Deckenbeleuchtungen mit Ausschaltern.

Die Leitungen läßt man in Isolierrohr mit Metallmantel verlegen.

108. Wie richtet man die Keller, Waschküchen und andere feuchte Räume ein?

Als Beleuchtungskörper verwendet man in feuchten Räumen Wandarme, Pendel oder Deckenbeleuchtungen mit wasserdichten Armaturen (Schutzgläser).

Für die Verlegung der Leitungen in feuchten, durchtränkten und ähnlichen Räumen empfiehlt sich isolierte und gegebenenfalls noch gegen Feuchtigkeit und chemische Angriffe durch Anstrich geschützte Leitung, welche auf zuverlässigen Isolierkörpern verlegt wird. Wird bei genügend hohen Räumen blanker Draht verlegt, so ist der Schutz gegen Berührung ganz besonders zu beachten. In niedrigen Räumen ist zweckmäßig isolierte Leitung in Schutzrohren zu wählen, letztere soll gegen mechanische und chemische Angriffe hinreichend widerstandsfähig sein.

109. Wie steht es mit der Installation in Ställen?

Als Beleuchtungskörper kommen meist Deckenbeleuchtungen mit wasserdichten Armaturen in Frage; der Ausschalter muß wasserdicht sein.

Die Verlegung der Leitungen in Ställen erfordert die größte Sorgfalt, weil die Drähte und Schalter von dem Stalldunst leicht zerfressen werden. Die beste Lösung für eine dauerhafte Stallinstallation besteht darin, die Leitungen und Schalter möglichst außerhalb der Stallräume unterzubringen; die Drähte können z. B. teilweise an der Außenwand im Hof verlegt

Einrichtung von Installationen.

werden, teilweise führt man sie durch die Boden- oder Dachräume, die über den Ställen liegen; wenn man außerdem noch den Schalter außen im Hof an die Tür setzt, so bleibt im Stall nur noch die Lampe und der kurze Lampendraht, der durch die Decke zur Lampe führt, übrig.

Wenn sich die geschilderte Installation der Leitungen für Ställe nicht durchführen läßt, so wähle man folgende Verlegungsarten:

in hohen Stallräumen verzinnte Kupfer- oder Eisendrähte auf Isolatoren

oder in niedrigen Stallräumen Gummiaderleitung in Stahlpanzerrohr.

110. Wie werden Scheunen, Heuböden, Getreidekammern und dergleichen installiert?

Man wählt Pendel, Wandarme oder Deckenbeleuchtungen mit staubdichten Armaturen (Schutzgläser) und meist einfache Ausschaltung.

Die Leitungen werden in Isolierrohren mit Metallmantel verlegt.

111. Wie beleuchtet man die Werkstätte?

In der Werkstatt eignet sich am besten eine transportable Handlampe mit einem oder mehreren Wandanschlüssen, damit man sich das Licht bei der Arbeit möglichst bequem verstellen kann.

Zweckmäßig ist außerdem noch eine Deckenlampe für Allgemeinbeleuchtung mit einem Ausschalter an der Tür.

Die Leitungen sind in Isolierrohren mit Metallmantel zu verlegen.

112. Wie gestaltet sich die Hofbeleuchtung?

Man wähle einen oder mehrere Wandarme mit Reflektorschirmen, welche das Licht möglichst weit verteilen. Für die Hauptlampe im Hof empfiehlt sich Wechselschaltung derart, daß man sowohl an der Haustür als auch etwa im Schlafzimmer oder in einem anderen an der Hoffront gelegenen Zimmer das Hoflicht ein- und ausschalten kann.

Die Leitungen, welche über den Hof führen, müssen wetterbeständig isoliert sein und möglichst so gelegt werden, daß sie nicht leicht vom Federvieh, insbesondere von Tauben gestört werden.

113. Welche Sorten von Glühlampen sind dem Landwirt zu empfehlen?

In allen Räumen, in welchen die Lampe oft und lange benutzt werden, ist die Metallfadenlampe (Sparlampe) zu empfehlen, also z. B. im Wohnzimmer, Schlafzimmer, Küche, Hof und Stallungen.

In allen Räumen, in welchen die Lampen nur hin und wieder und nur für kurze Zeiten gebraucht werden, sind Kohlenfadenlampen angebracht, wie z. B. in Kammern, Kellern, Boden und Scheunen.

114. Was hat der Landwirt bei der Einrichtung seiner elektrischen Kraftanlage zu beachten?

Der Landwirt suche mit wenig Motoren auszukommen; er vermeide aber auch tunlichst Transmissionen.

115. Wie kann der Landwirt Motoren ersparen?

Indem er einige Motoren transportabel einrichten läßt; wenn z. B. der Dreschmotor fahrbar ist, so kann man ihn außer zum Dreschen auch noch zum Schroten, Holzsägen, Wasserpumpen, Getreidereinigen usw. benutzen; wenn der Motor für Futterschneiden tragbar ist, so kann er außerdem auch für Rübenschneider, Ölkuchenbrecher, Zentrifugen, Jauchepumpen usw. Verwendung finden.

Behandlung von Installationen.

Für den Anschluß der transportablen Motoren an die Leitung werden Wandanschlüsse benutzt; die Motoren erhalten biegsames Kabel (10—30 Meter, höchstens 50 Meter lang). Nur für diejenigen landwirtschaftlichen Maschinen, für welche der Transport der Motoren infolge der örtlichen oder wirtschaftlichen Verhältnisse unbequem ist, wähle man stationäre Elektromotoren.

116. Bis zu welcher Leistung lassen sich Motoren noch bequem tragen?

Bis zu etwa 3 PS.

117. Welche Schalteinrichtung ist für den fahrbaren Dreschmotor zu empfehlen?

Der fahrbare Dreschmotor erhält Metallanlasser, Ausschalter und Sicherungen. Nicht empfehlenswert für Dreschmotoren ist automatische Schaltung und Bürstenabhebevorrichtung, weil der landwirtschaftliche Betrieb so einfach wie möglich sein muß.

118. Was ist bei der Ausführung der Sicherungstafel von Wichtigkeit?

Man achte darauf, daß der Installateur unter den Sicherungen Schildchen anbringt, auf welchen die Räume bezeichnet sind, die zu der Sicherung gehören, damit man beim Versagen einer Lampe oder eines Motors sofort weiß, welche Sicherung durchgeschmolzen sein kann.

K. Behandlung und Wartung elektrischer Licht- und Kraftinstallationen.

119. Wie sind die elektrischen Leitungen zu behandeln?

Behandlung von Installationen.

Man beachte stets, daß die Leitungsdrähte dazu dienen sollen, elektrischen Strom fortzuleiten. Die Leitungen müssen deshalb reinlich gehalten werden. Wenn die Drähte offen verlegt sind, wie in Ställen, Kellern, auf dem Hof usw., darf man keine Gegenstände anhängen; man achte auch darauf, daß die Drähte gut gespannt sind und weder die Wände, noch einander berühren. Wenn die Drähte im Rohr verlegt sind, muß das Rohr vor gewaltsamen Beschädigungen geschont werden, weil die Drähte im Innern des Rohres dadurch verletzt werden können; wenn ein locker gewordenes Rohr neu befestigt werden soll, so benutzt man Krampen oder Rohrschellen.

120. Was ist Kurzschluß?

Unter Kurzschluß versteht man das Zusammentreffen von zwei nach einer Lampe oder einem Motor führenden Leitungsdrähten an einer blanken Stelle.

121. Was ist Erdschluß?

Unter Erdschluß versteht man die fehlerhafte Ableitung des Stromes nach der Erde; Erdschluß tritt ein, wenn Leitungen blanke Berührung mit der Erde bezw. mit festen Gegenständen bekommen.

122. Was erfolgt bei einem Kurzschluß?

Es schmelzen die Sicherungen der betreffenden Leitung durch.

123. Was erfolgt bei einem Erdschluß?

In der Regel zeigt der Elektrizitätszähler zu viel Stromverbrauch an, weil der Strom, der an der Erdschlußstelle in die Erde fließt, mitgemessen wird. Der Zähler läuft im Falle eines Erdschlusses meistens auch, wenn alle Lampen und Motoren ausgeschaltet sind.

Behandlung von Installationen.

124. Wodurch kann Kurzschluß und Erdschluß entstehen?

Durch unvorsichtige Behandlung der Leitungsdrähte, z. B. durch Zerreißen, Durchhängen oder Zusammenschlagen der Drähte.

125. Was macht man im Falle eines Kurzschlusses oder Erdschlusses?

Wenn die Ursache nicht bekannt ist, so bestelle man den Installateur, der die Anlage gebaut hat, und beauftrage ihn, den Schluß zu beseitigen.

126. Können elektrische Leitungen mit Farbe gestrichen werden?

Die Isolierrohre können beliebig gestrichen werden; es empfiehlt sich der Anstrich mit Ölfarbe oder Asphaltlack.

127. Was ist beim Putzen der Glühlampen zu beachten?

Man hüte sich vor allzu starken Erschütterungen der Lampen.

128. Aus welchem Grunde kann eine Glühlampe versagen?

Entweder ist der Schalter nicht ordentlich umgedreht,
oder die Lampe ist nicht fest eingeschraubt,
oder die Sicherung ist durchgeschmolzen,
oder die Lampe selbst ist schadhaft.

129. Was tut man, wenn eine Lampe versagt?

Man schraubt zunächst die Glühlampe fest an und dreht den Schalter ein paarmal herum; wenn das nicht hilft, schaltet man eine andere Lampe ein, welche mit der fraglichen zusammen an einer Sicherung hängt; brennt die andere Lampe auch nicht, so ist, falls der

Strom von der Zentrale aus nicht unterbrochen ist aller Wahrscheinlichkeit nach die Sicherung durchgeschmolzen; brennt die andere Lampe aber, so ist die erste Glühlampe meist defekt und muß durch eine neue ersetzt werden. Der Defekt der Lampe besteht in der Regel in dem Bruch der Metallfäden, was bei näherem Zusehen durch Schütteln der Lampe zu erkennen ist. (Glühlampe gegen weißes Papier halten!)

130. Wie erhält man einen Elektromotor stets betriebssicher?

Gerade in landwirtschaftlichen Betrieben muß man den Motor wegen des vorkommenden Staubes ab und zu im Jahr reinigen; das geschieht, indem man den Motor außen abwischt und außerdem den inneren Teil mit einem Handblasebalg oder einer Luftspritze gehörig ausbläst und dadurch vom Staub befreit.

Während der Betriebszeit muß man ferner etwa alle 8 bis 14 Tage frisches Öl für die Lager nachfüllen.

Man schütze außerdem die Motoren vor Nässe, wenn sie nicht ausdrücklich für nasse Räume bestellt und konstruiert sind.

131. Wovon soll man sich beim Anlassen eines Motors immer überzeugen?

Ob der Riemen richtig (nicht einseitig) läuft,
ob der Riemen nicht zu stramm gespannt ist,
ob die Lager genug Öl haben und
ob die Schmierringe in den Motorlagern mitlaufen und hinreichend Öl heraufbringen.

132. Woran erkennt man, ob die Lager genug Öl haben?

Entweder außen an den kleinen Schauröhrchen, welche meist für den Ölstand an den Motorlagern angebracht sind, oder durch Kontrolle des Ölstandes im Lager.

133. Wie muß das Schmieröl für Motoren beschaffen sein?

Es darf keine Säuren enthalten und nicht schäumen. Am besten ist reines Mineralöl.

134. Wie reinigt man die Öllager der Motoren?

Wenn das Öl in den Lagern verschmutzt oder durch langes Stehen dickflüssig geworden ist, so muß man die Lager gründlich reinigen. Das geschieht, indem man die Ölstandrohre oder Verschlußschrauben abschraubt und die Lager mit Benzin oder Petroleum sauber auswäscht; man vergesse nicht, die Ölstandrohre nach der Reinigung wieder richtig anzuschrauben und frisches Öl einzugießen.

135. Wie überzeugt man sich während des Betriebes davon, ob der Motor in betriebssicherem Zustand ist?

Man befühlt den Motor an seinen äußeren Teilen, insbesondere an den Lagern und den vorstehenden Spulen und prüft ihn daraufhin, ob die Teile nicht zu heiß werden. Die Temperatur des Motors soll im allgemeinen nur handwarm sein. Außerdem achte man bei Drehstrommotoren auf den brummenden Ton, den der Motor normalerweise von sich gibt.

136. Wie kann man die Drehrichtung eines Drehstrommotors umkehren?

Indem man 2 Drähte von den 3 Zuführungsleitungen vertauscht (umklemmt). Man führe diese Vertauschung der Drähte nur selbst aus, wenn es unbedingt nötig ist, und schalte den Motor vorher ganz aus.

137. Aus welchem Grunde kann ein Elektromotor während des Betriebes stehen bleiben?

In der Regel bleibt ein Motor stehen, wenn er momentan stark überlastet wird, weil dadurch die Sicherungen durchschmelzen.

Es kommt auch vor, daß sich durch Erschütterungen während des Betriebes eine von den Klemmschrauben, mit denen die Leitungen am Motor oder am Anlasser befestigt sind, lockert und dadurch eine plötzliche Stromunterbrechung erfolgt; es kann die Unterbrechung auch auf eine Betriebsstörung in der Überlandzentrale oder am Hausanschluß zurückzuführen sein. Schließlich kann ein Defekt des Motors vorliegen.

138. Was macht man, wenn ein Motor während des Betriebes stehen bleibt?

Man schaltet zunächst sofort den Motorschalter aus und stellt auch den Anlasser auf „aus".

Sodann sieht man nach, ob die Motorsicherungen durchgeschmolzen sind. Sind die Sicherungen nicht durchgeschmolzen, so prüft man die Klemmschrauben am Motor und Anlasser, ob diese sich etwa gelockert haben; ist dies auch nicht der Fall, schaltet man irgendeine Lampe in der Anlage ein und sieht zu, ob dieselbe brennt; wenn dieselbe nicht brennt, ist anzunehmen, daß eine Betriebsstörung in der Zentrale oder am Hausanschluß vorliegt, wodurch natürlich die ganze Anlage ohne Strom sein muß. Man warte alsdann eine viertel bis eine halbe Stunde und versuche dann noch einmal langsam einzuschalten, da häufig in dieser Zeit die Betriebsstörung wieder selbsttätig behoben ist; läuft aber der Motor auch dann noch nicht an, so muß die Zentrale davon benachrichtigt werden.

139. Woran gibt sich bei Drehstrommotoren meist zu erkennen, daß der Motor selbst defekt ist?

An einem außerordentlich starken und absonderlichen Brummen, wenn er eingeschaltet wird.

140. Muß man zur Bedienung eines Elektromotors einen gelernten Arbeiter anstellen?

Ein Elektromotor kann von jedermann ohne jede Vorkenntnis nach einmaliger Anweisung bedient werden.

141. Wozu dienen die Sicherungen?

Die Sicherungen enthalten dünne Metalldrähte oder Bleistreifen, durch welche der Strom für Lampen und Motoren hindurchgehen muß; wenn der Strom infolge eines Defekts in der Anlage oder infolge Überlastung eines Motors zu stark anwächst, schmelzen die Sicherungsdrähtchen durch und schalten dadurch die betreffende Leitung selbsttätig aus.

142. Wieviel Sicherungen gehören zu einem Motor oder einer Lampe?

Jeder Motor erhält in Drehstromanlagen 3 Sicherungen, in Gleichstromanlagen 2 Sicherungen. Die Leitungen für Motoren und Lampen, welche zu 2 oder 3 Sicherungen, auf einer Schalttafel, zusammengehören, nennt man einen Stromkreis.

143. Woran erkennt man, welche Sicherung durchgeschmolzen ist?

Die Sicherungen haben Kennmarken, welche anzeigen, ob die Sicherung noch unversehrt ist oder nicht.

144. Wie verhält man sich, wenn eine Sicherung durchgeschmolzen ist?

Wenn man weiß, daß das Durchschmelzen durch Überlastung des Motors oder durch ungeschickte Handhabung der Anlage herbeigeführt ist, kann man sofort eine neue Sicherung einsetzen und weiter arbeiten.

Wenn man sich aber den Grund für das Durchbrennen der Sicherung nicht ohne weiteres erklären kann, so muß man den zu der durchgeschmolzenen

Sicherung gehörigen Stromkreis verfolgen und prüfen, ob nicht irgendeine auffällige Ursache für die Störung an der Leitungsanlage zu entdecken ist — häufig ist ein Draht gerissen oder zwei Drähte liegen aneinander; das passiert oft auf dem Hof, wo Tauben gegen die Leitung fliegen können; oder es ist ein Isolierrohr beim Transport eines schweren Gegenstandes bestoßen und beschädigt usw. — Wenn der Fehler beseitigt ist oder wenn man keinen Fehler entdeckt hat, kann man eine neue Sicherung einsetzen und durch Wiedereinschaltung der stromlos gewordenen Lampen oder Motoren feststellen, ob nun wieder alles in Ordnung ist.

Man hüte sich, ohne den Installateur oder die Überlandzentrale gefragt zu haben, stärkere Sicherungen einzusetzen als ursprünglich vorgesehen waren; die Stärke der Sicherungen ist durch die Zahl der Ampères auf denselben angegeben.

145. Wie ist festzustellen, ob ein Elektrizitätszähler richtig funktioniert?

Wenn alle Lampen und Motoren ausgeschaltet sind, muß der Zähler vollkommen stillstehen; man beachte durch das Glasfensterchen am Zähler daraufhin die runde Scheibe mit dem roten oder weißen Strich, welche sich nur drehen darf, wenn Strom verbraucht wird.

Wenn der Zähler nicht stillsteht, so muß man das Elektrizitätswerk davon benachrichtigen; der Fehler kann in solchem Falle auch in der Leitungsanlage liegen.

L. Vorsichtsmaßregeln und Verhalten gegenüber elektrischen Leitungen.

146. Ist das Berühren von elektrischen Leitungen in Hausanlagen lebensgefährlich?

Nein; in Hausanlagen kommt nur niedriggespannter Strom in Anwendung, welcher ungefährlich ist; aber es empfiehlt sich trotzdem, die Berührung der Drähte zu vermeiden, weil man dabei unter Umständen heftigen Schmerz empfindet.

147. Welchen Leitungen gegenüber ist große Vorsicht geboten?

Allen blanken Leitungen, insbesondere den Hochspannungsleitungen gegenüber! Hochspannungsleitungen laufen außerhalb der Ortschaften, meist an Chausseen, Kreisstraßen und Feldwegen entlang; die Leitungen innerhalb der Ortschaften führen im allgemeinen keine Hochspannung.

148. Woran erkennt man die Hochspannungsleitungen?

Einmal an den großen Porzellanglocken, an denen die Drähte aufgehängt sind; außerdem ist an jedem zweiten oder dritten Mast der Hochspannungsleitungen ein Schild mit Blitzpfeil ⚡ oder mit der Aufschrift: „Vorsicht, Hochspannung" angebracht.

149. Wovor muß man sich bei blanken Leitungen hüten?

Vor dem Berühren der Drähte.

150. Was macht man, wenn man einen gerissenen Hochspannungsdraht findet, welcher herunterhängt?

Man vermeide unter allen Umständen den Draht anzufassen, lasse ihn hängen und benachrichtige den nächsten Gemeindevorsteher oder die Überlandzentrale davon. Man merke sich dabei die Nummer des betreffenden Holzmastes, damit man gleich genau die Stelle bezeichnen kann, wo der Draht gerissen ist.

Wenn möglich veranlasse man irgend jemand, solange an der Stelle zu bleiben und die Vorübergehenden vor Berührung des herabhängenden Drahtes zu warnen, bis die Leitung ausgeschaltet ist.

Die meisten Überlandzentralen zahlen Prämien für die Meldung von Leitungsbrüchen oder anderen Störungen in den Leitungsnetzen.

Näheres hierüber enthält das vom Verband Deutscher Elektrotechniker aufgestellte Merkblatt für Verhaltungsmaßregeln gegenüber elektrischen Freileitungen.

151. Wie verhält man sich, wenn man sieht, daß ein Mensch an der Hochspannungsleitung hängt?

Man darf den Menschen nicht anfassen, weil man sich dadurch selbst in Gefahr begibt, ohne dem anderen helfen zu können; man benachrichtige vielmehr so schnell als möglich den nächsten Gemeindevorsteher oder die Überlandzentrale davon, damit die betreffende Leitung ausgeschaltet wird und der Mensch alsdann befreit werden kann.

Näheres hierüber enthält das vom Verband Deutscher Elektrotechniker aufgestellte Merkblatt für Verhaltungsmaßregeln gegenüber elektrischen Freileitungen,

152. Wovor soll der Landwirt seine Kinder warnen?

Einmal vor dem Heraufklettern an Leitungsmasten, weil oft schon Kinder dabei die Drähte berührt haben und getötet worden sind;

ferner vor Bewerfen der Porzellanisolaren und der Leitungen, weil dadurch leicht ein Drahtbruch herbeigeführt wird, der verhängnisvoll sein kann;

schließlich vor Anfassen von gerissenen Drähten, welche herunterhängen, wegen der damit verbundenen Lebensgefahr.

153. Geben elektrische Leitungen zu Befürchtungen Anlaß?

Bei elektrischen Leitungsanlagen werden heutzutage derartig hohe Sicherheitsmaßregeln angewandt, daß Unglücksfälle nur infolge von Unvorsichtigkeit, Leichtsinn oder Mutwillen vorkommen können.

Sachverzeichnis.

(Die Zahlen beziehen sich auf die Nummern der Fragen.

Ampère 75.
Anlassen von Elektromotoren 131, 132.
Anteilrabatt 78, 83.
Anteiltarif 83.
Aufstellung von Elektromotoren 38, 39.
Auftragserteilung 99—101.
Ausschaltung 47.

Bedienung von Elektromotoren 32—34, 140.
Behandlung von Elektromotoren 130, 134—139.
Beleuchtungskörper 61.
Benutzungsdauerrabatt 78, 79.
Berühren von elektrischen Leitungen 146—153.
Beteiligung an Überlandzentralen 21, 22.
Betriebskosten 86—88.
Brennstelle 56.

Drehstrommotor 31.
Dreschmotor 115, 117.

Elektrische Leitungen 119, 126, 146—153.
Elektrizität 11—14.
Elektrizitätsbewegung 27.
Elektrizitätszähler 64, 145.

Elektromotoren 28—30, 34.
Erdschluß 121, 123—125.

Gesellschaftsform 24.
Gleichstrommotor 31.
Glühlampe 44, 45, 51, 52, 113, 127—129.
Glühlampendefekt 128 bis 129.
Glühlicht 42, 43, 46.
Größe von Elektromotoren 37.
Gruppenschaltung 48.
Gute Stube 104.

Halbwattlampen 72.
Heuboden 110.
Hochspannungsleitung 147, 148.
Hof 112.

Installation 94, 95, 102, 114, 115.
Installationsabgabe 8, 9.
Installationskosten, allgemeine 53—55, 57, 58.
— von Kraftanlagen 62, 63.
— von Lichtanlagen 60, 63.

Kammerbeleuchtung 107.
Keller 108.
Kilowatt 67, 68.

Sachverzeichnis.

Kilowattstunde 65, 66, 68.
Kohlenfadenglühlampe 70, 113.
Konsumrabatt 78, 79.
Kostenanschlag 96—98.
Kraftstation 15, 19.
Küche 107.
Kurzschluß 120, 122, 124, 125.

Leitungsgesellschaft 25.
Lichtstärken 50.

Metallfadenglühlampe 71, 113.
Motoranlage 114, 115.
Motordefekt 137—139.

Niederspannungsleitung 146.

Ortszentrale 16, 19.

Pauschaltarif 76, 80, 82.

Rabatte 78, 79.

Scheune 110.
Schlafzimmer 105.
Schmieröl 133.
Sicherungen 141—144.
Sicherungstafel 118.
Spannung 73, 74.
Sparlampe 71.
Stall 109.

Stromkosten von Kraftanlagen 92, 93.
Stromkosten von Lichtanlagen 89—91.
Stromkreis 142.
Strompreise 84.
Stromstärke 75.
Stromverbrauch von Elektromotoren 41.
— von Glühlampen 70, 71.

Tourenzahl von Elektromotoren 40.
Transport von Elektromotoren 35, 36, 116.
Treppenbeleuchtung 106.

Überlandzentrale 17, 18.
Überteuerungs-Zuschüsse 6, 7.

Volt 73.

Waschküche 108.
Wattstunde 69.
Wechselschaltung 49.
Werkstatt 111.
Wirtschaftlichkeit von Überlandzentralen 20, 26.
Wohnzimmer 103.

Zähler 64, 145.
Zählermiete 85.
Zählertarif 76—78.

Verlag von Julius Springer in Berlin W 9.

Alles elektrisch! Ein Wegweiser für Haus und Gewerbe. Preisgekrönte Bearbeitung von H. Zipp, Ingenieur in Cöthen. 81.—100. Tausend. 1912. Preis M. 1.—. 50 Exemplare je 80 Pfg., 100 Exemplare je 64 Pfg., 500 Exemplare je 56 Pfg., 1000 Exemplare je 48 Pfg. (einschließlich Verlagsteuerungszuschlag).

Herstellen und Instandhalten elektrischer Licht- und Kraftanlagen. Ein Leitfaden auch für Nicht-Techniker, unter Mitwirkung von Gottlob Lux und Dr. C. Michalke verfaßt und herausgegeben von S. Frhr. v. Gaisberg. Neunte, umgearbeitete und erweiterte Auflage. Mit 66 Abbildungen im Text. 1920. Preis M. 4.80.

Der Verkauf elektrischer Arbeit. Zweite, umgearbeitete und vermehrte Auflage von „Die Preisstellung beim Verkaufe elektrischer Energie." Von Dr.-Ing. G. Siegel. Mit 27 Abbildungen. 1917. Preis M. 16.—; gebunden M. 18.—.

Elektrische Energieversorgung ländlicher Bezirke. Bedingungen und gegenwärtiger Stand der Elektrizitätsversorgung von Landwirtschaft, Landindustrie und ländlichem Kleingewerbe. Von Walter Reisser, Diplom-Ingenieur in Stuttgart. 1912.
Preis M. 2.80.

Die Beseitigung der Kohlennot. Unter besonderer Berücksichtigung der Elektrotechnik. Von Dr.-Ing. e. h. G. Dettmar, Generalsekretär des Verbandes Deutscher Elektrotechniker. Mit 45 Textabbildungen. 1920. Preis M. 10.—.

Zu den angegebenen Preisen der angezeigten älteren Bücher treten Verlagsteuerungszuschläge, über die die Buchhandlungen und der Verlag gern Auskunft erteilen.

Verlag von Julius Springer in Berlin W 9.

Die Genossenschaft als Träger der Elektrizitätsversorgung in der ländlichen Gemeinde

I. Heft:
Grundzüge und Finanzierung von Elektrizitätsgenossenschaften

Von

Adolf Wolterstorff

genossenschaftlichem Verbandssekretär

Preis M. 4.—

25 Exemplare und mehr je M. 3.40; 50 Exemplare und mehr je M. 3.30; 100 Exemplare und mehr je M. 3.25 einschließlich Verlagsteuerungszuschlag.

In dieser Schrift werden von fachmännischer Seite in leichtverständlicher Form praktische Hinweise für die genossenschaftliche Finanzierung und Organisation von Elektrizitätsgenossenschaften geboten. Infolge der ausserordentlich grossen Beleuchtungs- und Kohlennot macht sich zur Zeit mit elementarer Gewalt auf dem Lande der Wunsch nach Elektrizität geltend. Bei den heutigen hohen Anforderungen an Kapital, welche die Versorgung des platten Landes mit Elektrizität erfordert, dürfte es in den meisten Fällen nur den Weg der Selbsthilfe auf genossenschaftlicher Basis geben, um zu dem gewünschten Ziel zu kommen. Der Verfasser gibt nun in kurzer Form praktische Ratschläge, in welcher Weise sich der Gedanke der genossenschaftlichen Selbsthilfe in feste Formen und in die Tat umsetzen läßt. Aber nicht allein für die landwirtschaftlichen Genossenschaften, sondern auch für alle großen Elektrizitätswerke, die Überlandzentralen, Installationsfirmen usw. dürfte die Schrift von erheblichem Interesse sein.

MIX
Papier aus verantwortungsvollen Quellen
Paper from responsible sources
FSC® C105338

If you have any concerns about our products,
you can contact us on
ProductSafety@springernature.com

In case Publisher is established outside the EU,
the EU authorized representative is:
Springer Nature Customer Service Center GmbH
Europaplatz 3, 69115 Heidelberg, Germany

Printed by Libri Plureos GmbH
in Hamburg, Germany